谁住在最高的地方

李硕 编著

浙江摄影出版社

全国百佳图书出版单位

地球上有许多高高的地方。

2

3

8米高的橡树上，有啄木鸟的家。
啄木鸟从树洞里飞出来，开始觅食啦！

4

啄木鸟有坚硬的嘴巴、又长又细的舌头，是捉虫小能手！

5

听，蜘蛛猴们在墨西哥的森林里呐喊。

它们有着发达的大脑、圆溜溜的眼睛和灵活的手臂。

它们在 30 米高的大树上，悠闲地荡着秋千！

北美洲的落基山脉有美丽的风景。

在落基山脉海拔 1000 多米的高山草甸上，生活着什么动物呢？

瞧，有蝗虫。

蝗虫有着坚硬的外骨骼，头上长着触角，口器里有带齿的大颚。

"咔嚓！咔嚓！"
它们趴在草丛里，肆意地
啃食叶茎。

11

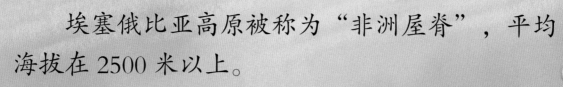

埃塞俄比亚高原被称为"非洲屋脊"，平均海拔在 2500 米以上。

猜猜看，谁会生活在这里呢？

蓝翅雁就生活在埃塞俄比亚高原。

长着灰蓝色羽毛的它们，会在海拔 1800 米左右的沼泽地里安家。

看，蓝翅雁扑扇着翅膀，飞到水边觅食。

草、种子和鱼类，都是它们爱吃的食物。

在这里，还住着"登山健将"——埃塞俄比亚北山羊。
它们四肢强健，有坚实的蹄子，善于在山石上攀爬和跳跃！

在亚洲中部的山区，有一座座海拔5000米以上的高山，山顶覆盖着茫茫的白雪。

这里是谁的家呢？

雪豹悄悄地出现了。

皮毛覆盖了它们的掌垫和趾间，能起到保暖的作用。

雪豹善于跳跃，行动敏捷，是捕猎的高手。

有些鸟儿也喜欢在高处筑巢。

在乌鸦家族中，有一种名叫黄嘴山鸦的成员。

它们全身长满了黑色的羽毛，嘴是黄色的，脚则是红色的。

在平均海拔高达 7000 米的喜马拉雅山脉上，能找到黄嘴山鸦的身影。它们嘴巴细而下弯，尤其喜欢聚在一起找吃的。

海拔 8000 多米的珠穆朗玛峰，是世界最高峰！

成群结队的蓑羽鹤年复一年不畏艰险地飞越珠穆朗玛峰。有的蓑羽鹤栖息在海拔 5000 米左右的高原地区。

蓑羽鹤是鹤家族里的小个子，它们眼睛后面长有一撮白色耳簇羽，颇为醒目。

哇，黑白兀鹫能在万米高空翱翔，它们也喜欢住在高高的地方。黑白兀鹫的脖子可以折叠并卷入身体里，十分神奇！

责任编辑　瞿昌林
责任校对　高余朵
责任印制　汪立峰

项目策划　北视国
装帧设计　太阳雨工作室

图书在版编目（CIP）数据

谁住在最高的地方 / 李硕编著 . -- 杭州 ：浙江摄
影出版社，2022.6
（神奇的动物朋友们）
ISBN 978-7-5514-3921-3

Ⅰ . ①谁… Ⅱ . ①李… Ⅲ . ①动物－少儿读物
Ⅳ . ① Q95-49

中国版本图书馆 CIP 数据核字（2022）第 069022 号

SHEI ZHU ZAI ZUI GAO DE DIFANG

谁住在最高的地方

（神奇的动物朋友们）

李硕　编著

全国百佳图书出版单位
浙江摄影出版社出版发行
　　地址：杭州市体育场路 347 号
　　邮编：310006
　　电话：0571-85151082
　　网址：www.photo.zjcb.com
制版：北京市大观音堂鑫鑫国际图书音像有限公司
印刷：三河市天润建兴印务有限公司
开本：787mm×1092mm　1/12
印张：2.67
2022 年 6 月第 1 版　　2022 年 6 月第 1 次印刷
ISBN 978-7-5514-3921-3
定价：49.80 元